LOS ANIMALES MÁS LETALES

LA VIUDA NEGRA

Un libro de Las Ramas de Crabtree

Amy Culliford
Traducción de Santiago Ochoa

Crabtree Publishing
crabtreebooks.com

Apoyos de la escuela a los hogares para cuidadores y maestros

Este libro de gran interés está diseñado con temas atractivos para motivar a los estudiantes, a la vez que fomenta la fluidez, el vocabulario y el interés por la lectura. Las siguientes son algunas preguntas y actividades que ayudarán al lector a desarrollar sus habilidades de comprensión.

Antes de leer:

- *¿De qué creo que trata este libro?*
- *¿Qué sé sobre este tema?*
- *¿Qué quiero aprender sobre este tema?*
- *¿Por qué estoy leyendo este libro?*

Durante la lectura:

- *Me pregunto por qué...*
- *Tengo curiosidad por saber...*
- *¿En qué se parece esto a algo que ya conozco?*
- *¿Qué he aprendido hasta ahora?*

Después de la lectura:

- *¿Qué intentaba enseñarme el autor?*
- *¿Qué detalles recuerdo?*
- *¿Cómo me han ayudado las fotografías y los pies de foto a comprender mejor el libro?*
- *Vuelvo a leer el libro y busco las palabras del vocabulario.*
- *¿Qué preguntas me quedan?*

Actividades de extensión:

- *¿Cuál fue tu parte favorita del libro? Escribe un párrafo al respecto.*
- *Haz un dibujo de lo que más te gustó del libro.*

ÍNDICE

ARAÑAS PELIGROSAS

Aunque la mayoría de las arañas no representan una amenaza para las personas, algunas **especies** pueden ser peligrosas. La viuda negra es una de esas especies. El **veneno** de la viuda negra es incluso más fuerte que el de una serpiente de cascabel.

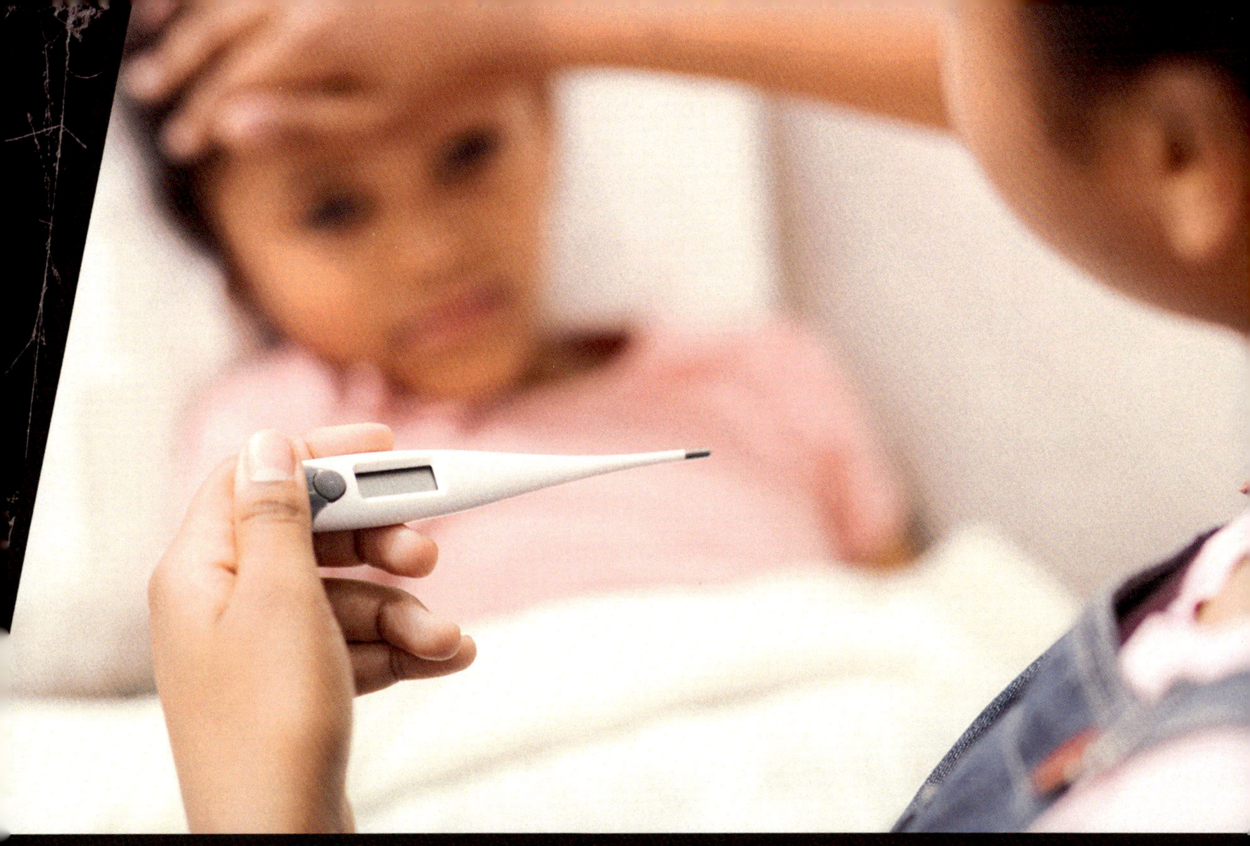

Las mordeduras de la viuda negra pueden causar síntomas severos en algunas personas. Las náuseas, la sudoración, el dolor y las molestias musculares pueden durar varios días. Solo el antídoto, un tipo de medicamento, puede reducir el dolor y las lesiones.

UNA VIUDA NEGRA INYECTA MENOS VENENO QUE UNA SERPIENTE. POR LO TANTO, UNA MORDEDURA DE VIUDA NEGRA RARA VEZ PROVOCA LA MUERTE.

MIEDO A LAS ARAÑAS

Aracnofobia es una larga palabra que significa miedo a las arañas. Hay más de 40 000 especies de arañas en el mundo y muchas personas les temen. Sin embargo, la mayoría de las arañas son completamente inofensivas para las personas. Las arañas en realidad son benéficas, porque **cazan** a las verdaderas plagas, como las moscas y los mosquitos.

Las arañas usan las telarañas por muchos motivos, pero especialmente para atrapar comida.

LAS ARAÑAS VIVEN EN TODOS LOS CONTINENTES DEL MUNDO EXCEPTO EN LA ANTÁRTIDA.

Las tarántulas, como la mayoría de las arañas, solo muerden si se sienten amenazadas.

QUÉ HAY DETRÁS DEL NOMBRE

Hay más de 30 tipos de viudas negras. El nombre proviene del hecho de que algunas hembras de viuda negra matan y devoran al macho después del apareamiento. Luego de hacer esto, quedan viudas.

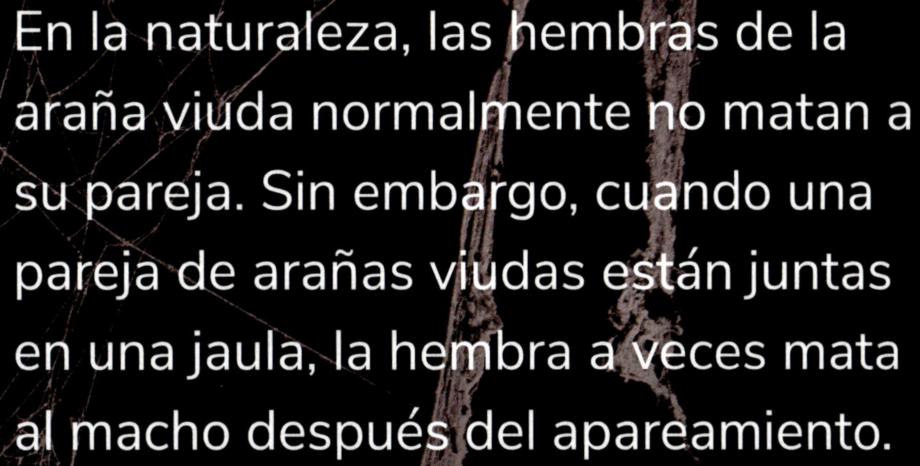

En la naturaleza, las hembras de la araña viuda normalmente no matan a su pareja. Sin embargo, cuando una pareja de arañas viudas están juntas en una jaula, la hembra a veces mata al macho después del apareamiento.

LAS VIUDAS NEGRAS VIVEN EN PROMEDIO DE UNO A TRES AÑOS, LAS HEMBRAS VIVEN MÁS TIEMPO QUE LOS MACHOS.

Tras el apareamiento, la hembra hace una bolsa con su **seda** y pone varios cientos de huevos en su interior. Las crías de araña salen de los huevos a los diez días aproximadamente y abandonan la bolsa una o dos semanas después. Después de dejar la bolsa, las arañitas producen una pequeña hebra de seda y son llevadas por el viento.

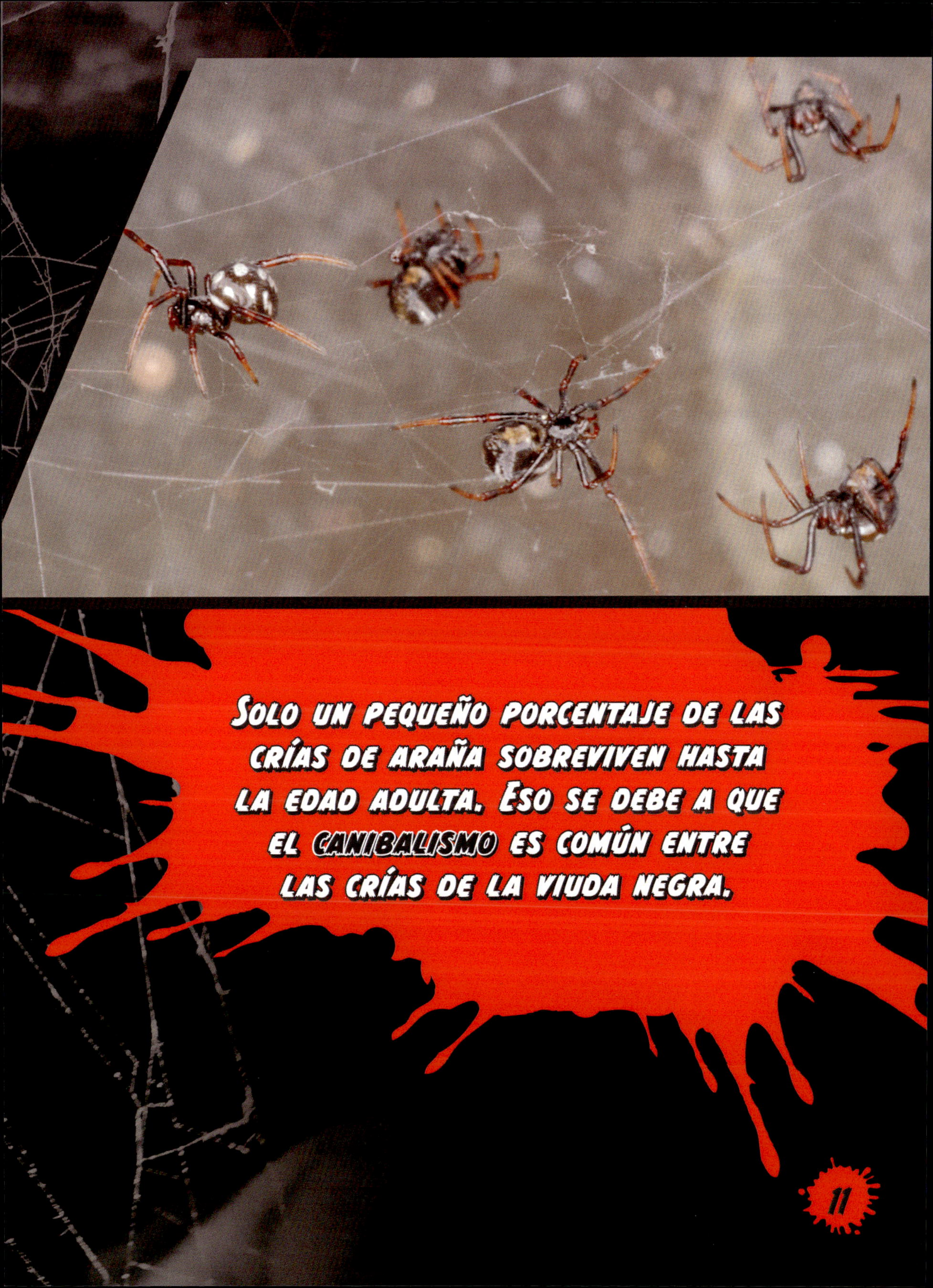

Solo un pequeño porcentaje de las crías de araña sobreviven hasta la edad adulta. Eso se debe a que el **canibalismo** es común entre las crías de la viuda negra.

CÓMO DETECTAR UNA VIUDA NEGRA

Las hembras adultas son más grandes que los machos. Su cuerpo suele medir menos de media pulgada (1 cm). Suelen ser de color café oscuro o negro brillante. Muchas hembras tienen una mancha roja o naranja en forma de reloj de arena en la parte inferior del abdomen. Algunas tienen un solo triángulo o dos que no se conectan.

macho

hembra

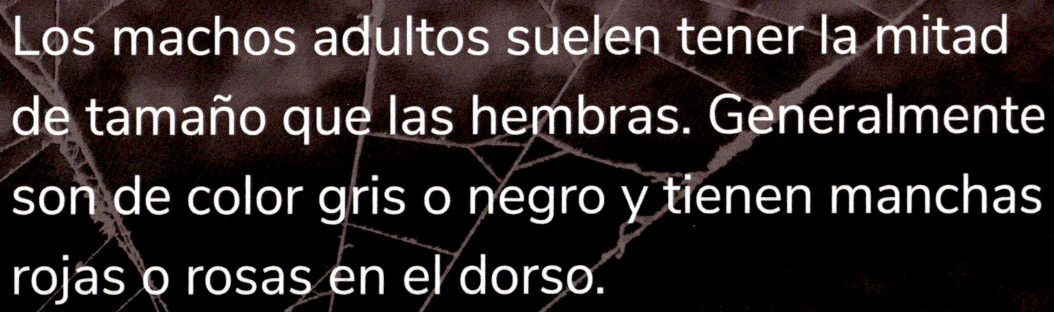

Los machos adultos suelen tener la mitad de tamaño que las hembras. Generalmente son de color gris o negro y tienen manchas rojas o rosas en el dorso.

La viuda negra europea tiene trece manchas en el abdomen.

EL HÁBITAT DE LA VIUDA NEGRA

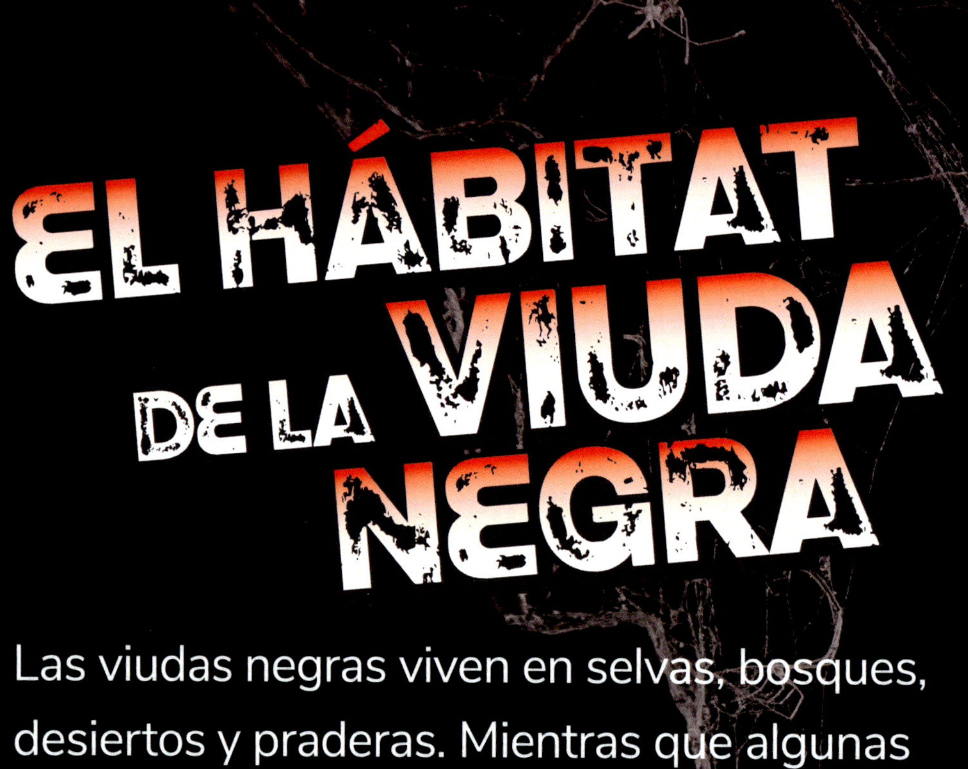

Las viudas negras viven en selvas, bosques, desiertos y praderas. Mientras que algunas arañas suben a los árboles y tejen telarañas en lugares altos, las viudas negras prefieren permanecer cerca del suelo. Para protegerse, anidan en lugares oscuros entre las plantas, en las rocas y en los troncos.

Una viuda negra a veces logra introducirse en nuestros hogares. En muchos casos lo hace por accidente. La araña puede estar escondida en un racimo de bananas o en un tronco de leña. Una vez adentro, busca un lugar seco y oscuro para anidar.

Es una buena idea sacudir los zapatos o la ropa en lugares donde las viudas negras son comunes. En el mejor de los casos, caerán las arañas escondidas en el interior.

ARMAS LETALES

ARMA NÚMERO UNO: EL DISEÑO DE LA TELARAÑA

Las viudas negras son conocidas por sus complejos, pero desordenados, diseños de telarañas. La viuda negra produce diferentes tipos de sedas para diferentes propósitos.

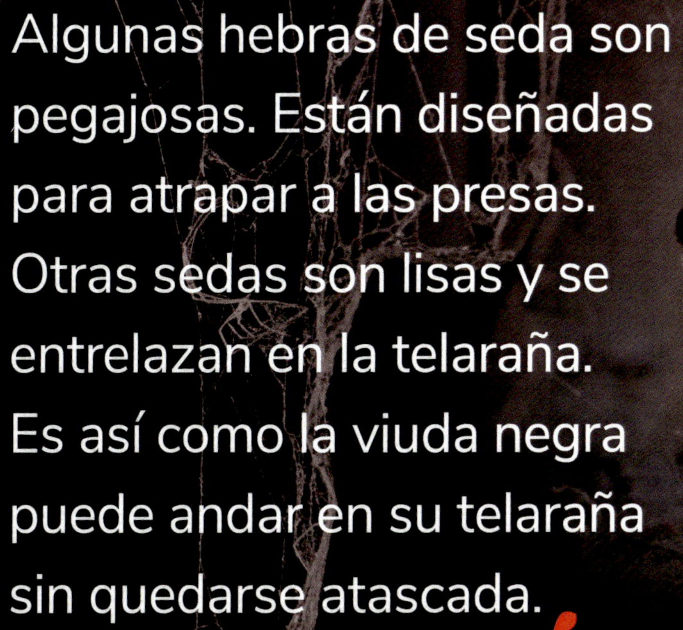

Algunas hebras de seda son pegajosas. Están diseñadas para atrapar a las presas. Otras sedas son lisas y se entrelazan en la telaraña. Es así como la viuda negra puede andar en su telaraña sin quedarse atascada.

LA VIUDA NEGRA CUELGA BOCA ABAJO EN SU TELARAÑA, MOSTRANDO SUS MARCAS COLORIDAS. LOS CIENTÍFICOS CREEN QUE LO HACE PARA ADVERTIRLE A SUS DEPREDADORES QUE ES TÓXICA.

ARMA NÚMERO DOS: LOS COLMILLOS

Las viudas negras tienen dos colmillos afilados. Los usan cuando quieren inyectar su veneno.

ARMA NÚMERO TRES: EL VENENO

El veneno de la viuda negra libera toxinas en el sistema nervioso de la víctima. Las toxinas causan **parálisis** y, eventualmente, la muerte.

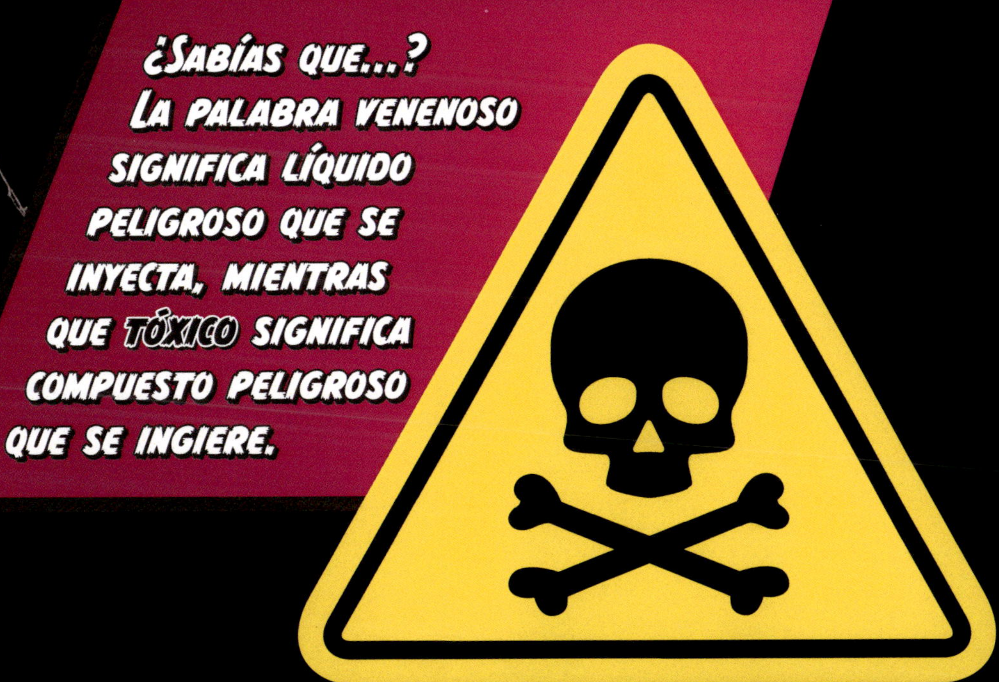

¿SABÍAS QUE...?

LA PALABRA VENENOSO SIGNIFICA LÍQUIDO PELIGROSO QUE SE INYECTA, MIENTRAS QUE TÓXICO SIGNIFICA COMPUESTO PELIGROSO QUE SE INGIERE.

A LA CAZA

Las viudas negras se comen a los insectos que quedan atrapados en su red pegajosa. Sus presas más comunes son moscas, grillos y mosquitos. Después de tejer su telaraña, la viuda negra se relaja y espera.

Los bichos que deambulan demasiado cerca quedarán atrapados.

Cuando la viuda negra **detecta** a una presa en apuros, se apresura a atacar. Para evitar que escape, utiliza la seda de sus **hileras** y envuelve a su víctima como a una momia.

mantis religiosa

LAS VIUDAS NEGRAS TIENEN POCOS DEPREDADORES. LA AVISPA AZUL DEL BARRO Y LA MANTIS RELIGIOSA SON DOS INSECTOS QUE CAZAN A LA VIUDA NEGRA Y QUE DISFRUTAN AL COMERLA.

Luego, la viuda negra muerde con sus colmillos afilados e inyecta una dosis letal de veneno.

El veneno de la viuda negra mata, pero no se detiene ahí. El veneno contiene **enzimas** que licúan el cuerpo muerto. Después de darle tiempo al veneno para que actúe, la viuda negra regresa a succionar los jugos.

UN JUEGO PELIGROSO

El hombre araña es un famoso personaje de historietas. Es un joven superhéroe que obtuvo sus superpoderes después de ser mordido por una araña. Tres jóvenes hermanos de Bolivia estaban fascinados por la historia del hombre araña. Un día, mientras trabajaban en la granja familiar, vieron a una viuda negra. Creyendo que también podrían obtener superpoderes, los chicos provocaron a la viuda negra para que los mordiera. Recibieron la típica mordida que esperaban.

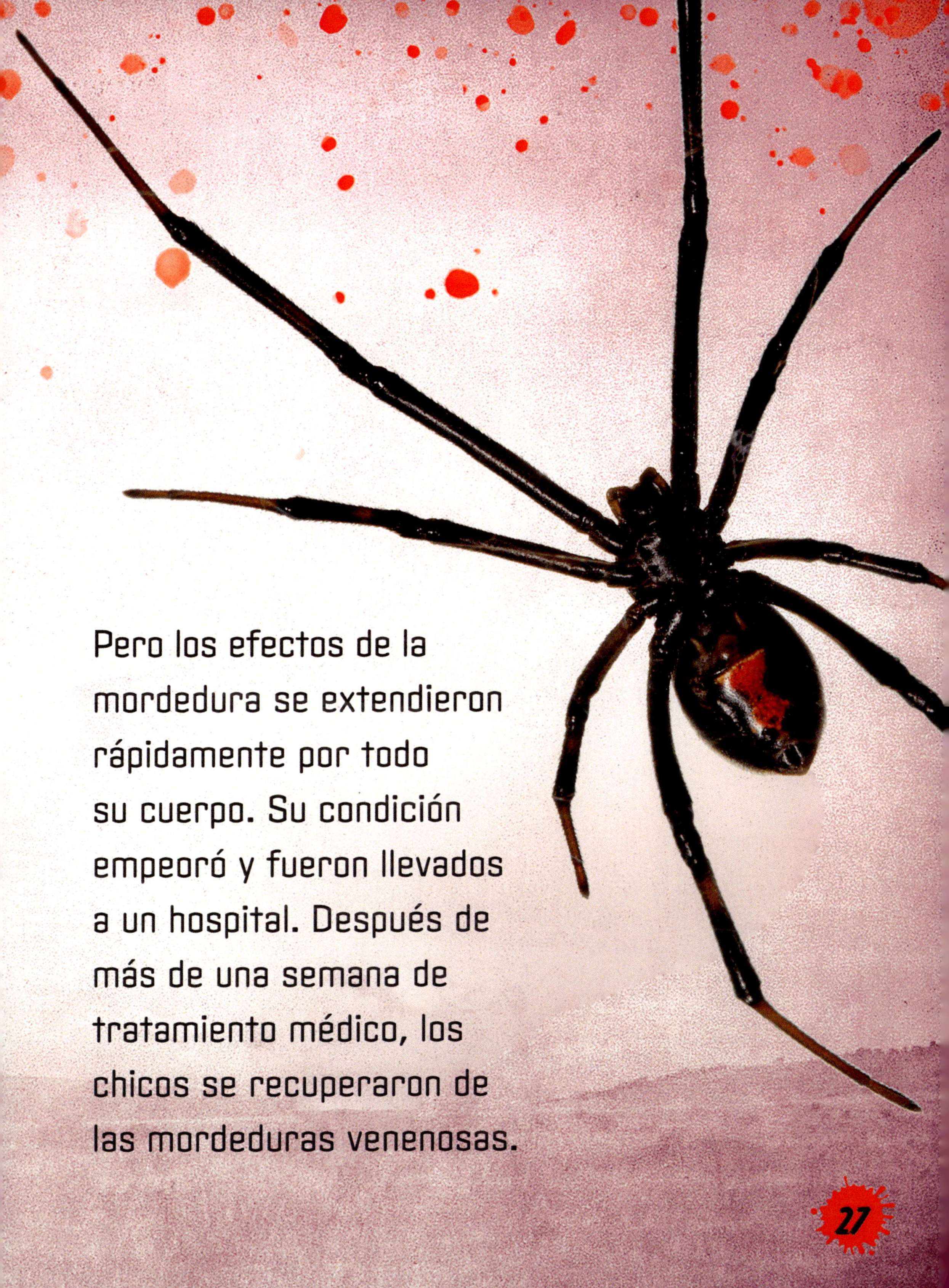

Pero los efectos de la mordedura se extendieron rápidamente por todo su cuerpo. Su condición empeoró y fueron llevados a un hospital. Después de más de una semana de tratamiento médico, los chicos se recuperaron de las mordeduras venenosas.

Los hermanos tuvieron suerte y sobrevivieron a las mordeduras de viuda negra. Si la viuda negra hubiera inyectado más veneno, el resultado podría haber sido peor. El veneno de la viuda negra es muy potente. Puede poner en peligro la vida de niños pequeños, ancianos y personas con mala salud. Por eso las viudas negras son consideradas uno de los animales más letales del mundo.

LAS VIUDAS NEGRAS NO SUELEN SER AGRESIVAS CON LA GENTE. SI SE LES DA LA OPORTUNIDAD, SE ESCABULLIRÁN ANTES QUE MORDER A UNA PERSONA. SOLO SON PELIGROSAS PARA LA GENTE CUANDO SE VEN AMENAZADAS.

GLOSARIO

aracnofobia: Miedo extremo a las arañas.

canibalismo: La práctica de comer la carne de su propia especie.

cazan: Que buscan y persiguen animales para atraparlos.

depredadores: Animales que cazan y se alimentan de otros animales.

detecta: Que descubre la existencia de algo que no se veía bien.

enzimas: Proteínas del cuerpo que provocan reacciones.

especies: Determinados tipos de animales o plantas.

hileras: Órganos en los que se produce la seda.

parálisis: Incapacidad para moverse o sentir.

seda: El hilo suave, brillante y fuerte que hila un animal.

tóxico: Algo que es muy dañino.

veneno: Líquido nocivo que se administra por inyección.

Índice analítico

Sitios web (páginas en inglés):

http://kids.nationalgeographic.com/animals/invertebrates/black-widow

www.ducksters.com/animals/black_widow_spider.php

ACERCA DE LA AUTORA

Amy Culliford

Amy Culliford es licenciada en Bellas Artes. Ha trabajado como profesora de teatro en el campo escolar y ha dirigido programas de teatro extraescolares. Evita los animales letales de cualquier tipo.

La autora desea agradecer a David y Patricia Armentrout por su investigación y contribuciones a este proyecto.

Crabtree Publishing

crabtreebooks.com 800-387-7650

 In Canada: We acknowledge the financial support of the Government of Canada through the Canada Book Fund for our publishing activities.

Produced by: Blue Door Education for Crabtree Publishing
Written by: Amy Culliford
Designed by: Jennifer Dydyk
Edited by: Tracy Nelson Maurer
Proofreader: Crystal Sikkens
Translation to Spanish: Santiago Ochoa
Spanish-language layout and proofread: Base Tres
Production manager: Candice Campbell

Hardcover	978-1-0396-1251-8
Paperback	978-1-0396-1257-0
Ebook (pdf)	978-1-0396-1263-1
Epub	978-1-0396-1269-3
Read-along	978-1-0396-1275-4
Audio book	978-1-0396-1281-5

Printed in the U.S.A./CP052026

Library and Archives Canada Cataloguing in Publication

Title: La viuda negra / Amy Culliford ; traducción de Santiago Ochoa.
Other titles: Black widow spider. Spanish
Names: Culliford, Amy, 1992- author. | Ochoa, Santiago, translator.
Description: Series statement: Los animales más letales | Translation of: Black widow spider. | Includes index. | "Un libro de las ramas de Crabtree". | Text in Spanish.
Identifiers: Canadiana (print) 20210283351 | Canadiana (ebook) 2021028336X | ISBN 9781039612518 (hardcover) | ISBN 9781039612570 (softcover) | ISBN 9781039612631 (HTML) | ISBN 9781039612693 (EPUB) | ISBN 9781039612754 (read-along ebook)
Subjects: LCSH: Black widow spider—Juvenile literature.
Classification: LCC QL458.42.T54 C8518 2022 | DDC j595.4/4—dc23

Published in Canada
Crabtree Publishing
616 Welland Avenue
St. Catharines, Ontario
L2M 5V6

Published in the United States
Crabtree Publishing
347 Fifth Avenue
Suite 1402-145
New York, NY 10016

Photographs: Cover photo © lighTTrace Studio, graphic splat on cover and throughout © Andrii Symonenko /Shutterstock.com, page 4, 8, 9, 14, 15, 18, 19, 20, 21, 28, 29 web background © maxshutter/istockphoto.com, spider © BVDC/istockphoto.com, page 5 © Prostock-Studio/istockphoto.com, pages 6, 7, 10, 11, 12, 13, 16, 17, 22, 23 web background © RAYOCLICKS/istockphoto.com, page 6 spider © Holly Guerrio/istockphoto.com, page 7 map © lukbar/istockphoto.com, tarantula © yew/istockphoto.com, page 8 and 29 spider © Mainely Photos/istockphoto.com, page 9 spiders © Frank Buchter/istockphoto.com, page 10 spider and ll spiderlings © Frank Buchter/istockphoto.com, page 12 spiders © Mark Kostich/istockphoto.com, page 13 spider © Frank Buchter/istockphoto.com, page 14 bottom photo © EstherCristina/istockphoto.com, page 15 rainforest (top) © miroslav_1/istockphoto.com, cactus © lucky-photographer/istockphoto.com, flowers © Jesse Walker/istockphoto.com, trees © Alexander Fattal/istockphoto.com, page 16 spider © Richard Par/istockphoto.com, page 17 spider © Jeffrey Schreier/istockphoto.com, page 18 spider © Muratani/istockphoto.com, page 19 (top) © Eleasha Strickland/istockphoto.com, (bottom © Robert Meyer/istockphoto.com, page 20 spider © MediaProduction/istockphoto.com, page 21 yellow sign © Ondej Pros/istockphoto.com, page 22 spider © ArmanDavtyan/istockphoto.com, page 23 (top) © Hcirdoog| Dreamstime.com, (bottom) © aetmeister/istockphoto.com, pages 24-25 © Therina Groenewald| Dreamstime.com, page 26 spiderman © Editorial credit: Thoranin Nokyoo / Shutterstock.com, page 27 © jamesdvdsn/istockphoto.com, page 28 spider © AmericanWildlife/istockphoto.com

Library of Congress Cataloging-in-Publication Data

Names: Culliford, Amy, 1992- author.
Title: La viuda negra / Amy Culliford ; traducción de Santiago Ochoa.
Other titles: Black widow spider. Spanish
Description: New York : Crabtree Publishing, [2022] | Series: Los animales más mortales - un libro de las ramas de Crabtree | Includes index.
Identifiers: LCCN 2021036864 (print) | LCCN 2021036865 (ebook) | ISBN 9781039612518 (hardcover) | ISBN 9781039612570 (paperback) | ISBN 9781039612631 (ebook) | ISBN 9781039612693 (epub) | ISBN 9781039612754
Subjects: LCSH: Black widow spider--Juvenile literature. | Dangerous animals--Juvenile literature.
Classification: LCC QL458.42.T54 C8518 2022 (print) | LCC QL458.42.T54 (ebook) | DDC 595.4/4--dc23
LC record available at https://lccn.loc.gov/2021036864
LC ebook record available at https://lccn.loc.gov/2021036865